ESSAI

DE

STATISTIQUE MÉDICALE

ESSAI

DE

STATISTIQUE MÉDICALE

SUIVI D'OBSERVATIONS MÉDICO-CHIRURGICALES

SUR

LES AMBULANCES CRÉÉES A ANGOULÊME

Par les soins de l'Administration des Hospices et Hôpitaux de cette ville

PENDANT LA DURÉE DE LA GUERRE DE 1870-1871

PAR

Alphonse TRÉMEAU DE ROCHEBRUNE

CHIRURGIEN AIDE-MAJOR
INTERNE DES HOSPICES ET HÔPITAUX D'ANGOULÊME
MEMBRE DE PLUSIEURS SOCIÉTÉS SAVANTES NATIONALES ET ÉTRANGÈRES.

PARIS

F. SAVY, Libraire-Éditeur

24, RUE HAUTEFEUILLE, 24

1871

A

Messieurs les Membres de la Commission Administrative des Hospices
et Hôpitaux d'Angouléme;

A

Messieurs les Docteurs Bessette, Machenaud, Fournier et Vigneron,
Chirurgiens et Médecins des mêmes établissements,
Mes bienveillants chefs de service;

Hommage de profonde gratitude et d'inaltérable reconnaissance.

Alphonse TRÉMEAU DE ROCHEBRUNE.

AVANT-PROPOS

A l'aide de Statistiques médicales sur les Ambulances de France, créées pour le service des malades et blessés pendant la durée de la guerre de 1870-1871, nous pensons que la médecine et la chirurgie des armées pourront réunir dans un avenir prochain des données profondément instructives.

Persuadé que dans chaque ville ayant ouvert des Ambulances, des états sur l'ensemble des hommes qu'elles ont recueillis seront dressés dans ce but, nous avons cherché à grouper dans un travail uniforme les matériaux divers relatifs à celles établies à Angoulême, par les soins du Conseil d'administration des hospices et hôpitaux, ayant à cœur d'apporter notre pierre à l'édifice commun.

D'un autre côté, après avoir depuis près d'une année, sous la direction de chefs dont le souvenir est inséparable de nos études, consacré nos journées et nos veilles au soulagement des hommes qui nous étaient confiés, nous croirions ne pas avoir entièrement accompli notre tâche, si à l'heure où ils viennent de quitter nos asiles, nous n'essayions de fixer par une étude scientifique la trace de leur passage parmi nous.

Puisse notre ardent désir d'être utile plaider en faveur du but qui nous guide; nous l'aurons atteint, nous l'espérons du moins, si la réunion des parties complexes de notre œuvre aride mais consciencieuse peut un jour présenter un intérêt relatif, quelque faible qu'on le suppose.

Dans l'agencement de notre travail, nous avons suivi l'ouvrage qui nous a paru le plus complet en pareille matière : nous voulons parler de la Statistique médicale, publiée chaque année par les soins du corps de santé des armées.

Néanmoins, nous avons cru pouvoir négliger certains chapitres qui auraient sans nécessité surchargé notre Statistique.

En revanche, nous complétons nos tableaux par des observations devant forcément en découler. Ainsi nous examinerons rapidement les maladies dominantes et nous étudierons leurs traits principaux.

De même aussi, nous consacrerons des notes spéciales aux blessures par armes à feu, ainsi qu'aux opérations qu'elles ont nécessitées et aux suites qui en ont été le résultat.

Enfin, nous aurons soin d'étayer ces observations par des chiffres d'une scrupuleuse exactitude, sûr moyen de contrôle, devant faciliter, pour ceux qui le trouveraient opportun, la rectification ou simplement la vérification de ce travail.

ESSAI

DE

STATISTIQUE MÉDICALE

FORMATION DES AMBULANCES.

Le service médical pour les malades et blessés de l'armée évacués pendant la durée de la guerre de 1870-1871, sur les Ambulances d'Angoulême, a commencé à fonctionner le 1er Octobre 1870, pour s'arrêter le 20 Août 1871, c'est-à-dire pendant une période de 10 mois et 20 jours ou 324 jours.

Toutes n'ont pas été ouvertes aux mêmes époques; celle de leur fermeture n'est pas également la même. Le tableau suivant donne les dates de leur création et de leur clôture, ainsi que le nombre des mois et des journées pendant lesquels elles ont fonctionné :

	DATES de L'OUVERTURE.	DATES de LA FERMETURE.	DURÉE en mois et fractions de mois.	DURÉE en jours.
Hôtel-Dieu d'Angoulême..............	1er oct. 1870	20 août 1871	10 mois 20 jours.	324
Ambulance des Sœurs de la Croix.......	15 oct. 1870	30 avril —	6 — 17 —	198
	7 juin 1871	14 août —	2 — 11 —	72
— des Sœurs du Sacré-Cœur....	24 oct. 1870	31 mai —	7 — 8 —	220
— du Noviciat................	24 oct. —	31 mars —	5 — 8 —	159
— du Séminaire..............	26 oct. —	30 avril —	6 — 6 —	187
— de l'Internationale de Secours aux blessés..............	29 oct. —	20 août —	10 — 3 —	295
— des Sœurs du Carmel........	7 nov. —	31 mars —	4 — 24 —	144
— des Sœurs Ursulines dites de Chavagnes...............	25 nov. —	24 fév. —	3 — 6 —	105
— de l'Orphelinat	12 déc. —	22 mars —	3 — 20 —	101
— de la Loge de l'Étoile.......	14 déc. —	18 mars —	3 — 18 —	95

L'Hôtel-Dieu ayant affecté des salles et un service spécial pour les soins à donner aux malades et blessés; de plus, les maladies épidémiques et les vénériens y étant uniquement traités, les hommes atteints des blessures les plus graves devant y être conduits, doit être considéré comme l'Ambulance principale d'où émanent toutes les autres qui n'ont été en réalité que ses annexes.

L'Ambulance des Sœurs de la Croix, seule parmi toutes, a eu deux périodes séparées par une interruption de 38 jours du 30 avril au 7 juin 1871.

On ne doit pas mentionner ici les Ambulances de la gare et celle des lits militaires, administrées par l'Intendance et sur lesquelles, du reste, il serait difficile, pour ne pas dire impossible, de se procurer les renseignements nécessaires.

Il en est de même pour l'Ambulance des Sœurs Ursulines dites de Chavagnes dont nous ne nous occupons que pour une période de 105 jours, du 25 novembre 1870 au 24 février 1871, époque où elle passe, comme les deux précédentes, au compte seul de l'Intendance.

Bien que régie en partie par les délégués de la Société Internationale de secours aux blessés, l'Ambulance de ce nom, soumise malgré cela à l'administration des hospices, nous appartient et doit être comprise dans nos calculs.

Ces distinctions établies, on trouve un total de 10 Ambulances, où les malades et blessés ont été traités comme il est dit plus haut pendant 10 mois et 20 jours, laps de temps subdivisé en 4 trimestres, c'est-à-dire : le 4me trimestre de 1870, les 1er et 2me trimestres de 1871, plus une portion de 50 jours prise sur le 3me trimestre de 1871, du 1er juillet au 20 août.

Sans pouvoir la faire entrer en ligne de compte, il faut noter d'une manière toute spéciale, l'Ambulance de la Chaume, près d'Angoulême, offerte par Madame veuve E. Chassaignac. Cette Ambulance privée, malgré sa situation éminemment hygiénique et les soins exceptionnels que sa fondatrice se plaisait à prodiguer aux malades, n'a reçu que des hommes presque convalescents, par conséquent déjà traités dans les autres Ambulances, plus particulièrement dans celle de l'Hôtel-Dieu.

PERSONNEL MÉDICAL DES AMBULANCES.

Le personnel médical des Ambulances se traduit de la façon suivante :

	MÉDECINS ET CHIRURGIENS MAJORS.	MÉDECINS ET CHIRURGIENS AIDES-MAJORS.	PHARMACIENS MAJORS.	PHARMACIENS AIDES-MAJORS.	INFIRMIER MAJOR.	INFIRMIERS.
Hôtel-Dieu d'Angoulême........................	3	2		»	1	6
Ambulance des Sœurs de la Croix.................	1	1		1	»	2
— des Sœurs du Sacré-Cœur..............	1	1		1	»	2
— du Noviciat.........................	1	1		1	»	2
— du Séminaire........................	1	1	1	2	»	3
— de l'Internationale de Secours aux blessés..	1	1		1	»	4
— des Sœurs Ursulines dites de Chavagnes...	1	1		1	»	2
— de l'Orphelinat......................	1	»		1	»	2
— de la Loge de l'Étoile.................	1	1		»	»	2
— des Sœurs du Carmel.................	1	1	1	1	»	2
RÉCAPITULATION..........	12	10	2	9	1	27

Le chiffre 61, somme totale des colonnes précédentes, doit être diminué de 9, certains chefs de service et aides-majors ayant été attachés à deux ou plusieurs Ambulances.

La catégorie des médecins et chirurgiens-majors doit en conséquence être réduite de 3.

Celle des aides-majors doit l'être de 5, et celle des pharmaciens aides-majors de 1 seulement, ce qui donne le nombre réel 52.

Nous avions pensé un instant à donner à la suite de ce chapitre le chiffre des hommes traités dans chaque Ambulance, mais ce travail eût entraîné à des recherches longues et minutieuses, qui n'auraient apporté du reste qu'un élément de confusion dans l'énoncé des totaux sur lesquels reposent nos observations et les déductions qu'elles nécessitent. En outre, il ne pouvait être que d'une utilité tout au plus secondaire.

En effet, tel homme traité un certain temps dans une Ambulance, a dû, par suite de changements survenus dans le service, souvent aussi dans son intérêt propre, passer dans une autre Ambulance; tel autre, atteint par exemple de variole, dans l'une, a dû être transporté au centre commun, à l'Hôtel-Dieu.

Des cas de cette nature ont été nombreux; d'autres causes trop longues à énumérer ont nécessité des changements fréquents; le mélange s'est pratiqué sur une large échelle, et ce mélange est l'obstacle à l'exactitude des nombres qui tenteraient de le traduire.

Au reste, régies par la même administration, par un personnel médical dont les relations étaient incessantes, et dont les membres passaient souvent de l'une à l'autre, les Ambulances n'ont été, en somme, que les vastes salles d'un immense hôpital.

Or, si cette comparaison est juste, elles ne peuvent être envisagées que dans leur ensemble, une statistique, quelque minutieuse qu'elle soit, ne nécessitant pas, nous le croyons, un relevé de chiffre pour chaque salle de malades.

MOUVEMENT DES MALADES.

Le nombre total des admissions aux diverses Ambulances, pendant la période de
10 mois et 20 jours, a été de 3,253 hommes.

En les répartissant par trimestres et par armes, on obtient le résultat suivant :

	ENTRÉES				TOTAL
	4ᵉ TRIMESTRE 1870.	1ᵉʳ TRIMESTRE 1871.	2ᵉ TRIMESTRE 1871.	3ᵉ TRIMESTRE 1871.	des ENTRÉES.
Infanterie..............................	1.188	1.247	211	152	2.798
Cavalerie et remontes.....................	7	77	144	76	304
Artillerie et train d'artillerie..................	7	26	17	14	64
Génie....................................	7	8	3	2	20
Train des équipages......................	3	21	1	2	27
Gendarmerie.............................	1	3	2	4	10
Ouvriers d'administration..................	»	3	6	5	14
Marins et équipages de la flotte..............	1	4	»	1	6
Service de santé...........................	1	5	»	»	6
Intendance..............................	»	3	»	1	4
RÉCAPITULATION......	1.215	1.397	384	257	3.253

La proportion pour 100, calculée par chaque arme sur le total des entrées, se traduit
ainsi :

	TOTAL des ENTRÉES.	PROPORTION pour pour 100.
Infanterie..	2.798	86.01
Cavalerie et remontes...	304	9.34
Artillerie et train d'artillerie	64	1.97
Génie..	20	0.61
Train des équipages..	27	0.83
Gendarmerie	10	0.31
Ouvriers d'administration..	14	0.43
Marins et équipage de la flotte	6	0.19
Service de santé..	6	0.19
Intendance..	4	0.12

L'ordre proportionnel pour le total des entrées est, partant de l'arme la plus favorisée, (les hommes de l'intendance et du service de santé n'étant pas momentanément portés en ligne de compte) : 1° Marins et équipages de la flotte ; 2° gendarmerie ; 3° ouvriers d'administration ; 4° génie ; 5° train des équipages ; 6° artillerie ; 7° cavalerie ; 8° infanterie. L'infanterie et la cavalerie donnent les plus fortes proportions.

La cause en est due au plus grand nombre de corps dont ces deux armes se composent, pour l'infanterie surtout, désignation sous laquelle nous avons dû comprendre, comme il sera dit plus loin en détail, non-seulement l'infanterie de ligne, mais aussi les mobiles, les mobilisés et autres corps analogues, ainsi que l'infanterie légère, représentée par les chasseurs à pied et quelques hommes des corps d'Algérie, notamment les zouaves, les tirailleurs algériens, la légion étrangère, etc. Nous classons également sous ce titre l'infanterie de marine (bien qu'elle dut être notée dans une autre arme), afin d'éviter des subdivisions trop nombreuses.

Le maximum proportionnel de la cavalerie dépend surtout des 1er et 5e régiments de dragons, dont le séjour s'est prolongé durant plusieurs mois, au camp des Chaumes de Crages, près Angoulême.

Le nombre total des 3,253 hommes, décomposé en 3 catégories, donne pour les malades 2,994 hommes, pour les vénériens 96, et pour les blessés 163. En voici le tableau :

MALADES.

	ENTRÉES.				TOTAL des ENTRÉES.
	4e TRIMESTRE 1870.	1er TRIMESTRE 1871.	2e TRIMESTRE 1871.	3e TRIMESTRE 1871.	
Infanterie	1.167	1.190	176	128	2.661
Cavalerie et remontes	6	69	139	18	232
Artillerie et train d'artillerie	7	12	10	8	37
Génie	»	1	»	1	2
Train des équipages	3	19	1	2	25
Gendarmerie	1	2	1	3	7
Ouvriers d'administration	»	3	6	5	14
Marins et équipages de la flotte	1	4	»	1	6
Service de santé	1	5	»	»	6
Intendance	»	3	»	1	4
RÉCAPITULATION	1.186	1.308	333	167	2.994

VÉNÉRIENS.

	ENTRÉES.				TOTAL
	4ᵉ TRIMESTRE 1870.	1ᵉʳ TRIMESTRE 1871.	2ᵉ TRIMESTRE 1871.	3ᵉ TRIMESTRE 1871.	des ENTRÉES.
Infanterie.................................	6	»	10	20	36
Cavalerie et remontes........................	»	2	1	25	28
Artillerie et train d'artillerie	»	5	6	6	17
Génie..	6	5	1	1	13
Gendarmerie...............................	»	1	»	1	2
RÉCAPITULATION.......	12	13	18	53	96

BLESSÉS.

Infanterie.................................	15	54	12	20	101
Cavalerie et remontes........................	1	6	4	33	44
Artillerie et train d'artillerie	»	9	1	»	10
Génie..	1	2	2	»	5
Train des équipages	»	»	1	»	1
Gendarmerie...............................	»	2	»	»	2
RÉCAPITULATION.......	17	73	20	53	163

En calculant par armes la proportion pour 100 des malades vénériens et blessés, eu égard au chiffre total, propre à chacune de ces trois subdivisions, à savoir : 2,994 — 96 — et 163, on obtient le tableau suivant :

	MALADES.		VÉNÉRIENS.		BLESSÉS.	
	NOMBRE des entrées.	PROPORTION pour 100.	NOMBRE des entrées.	PROPORTION pour 100.	NOMBRE des entrées.	PROPORTION pour 100.
Infanterie........................	2.661	88.88	36	37.50	101	61.96
Cavalerie et remontes..............	232	7.75	28	29.17	44	26.99
Artillerie et train d'artillerie.........	37	1.24	17	17.71	10	6.13
Génie...........................	2	0.07	13	13.54	5	3.07
Train des équipages...............	25	0.63	»	»	2	1.23
Gendarmerie......................	7	0.23	2	2.08	1	0.62
Ouvriers d'administration...........	14	0.47	»	»	»	»
Marins et équipages de la flotte........	6	0.20	»	»	»	»
Service de santé..................	6	0.20	»	»	»	»
Intendance.......................	4	0.13	»	»	»	»

Comme pour la somme totale des entrées, la plus forte proportion s'applique encore ici, à l'infanterie et à la cavalerie.

La gendarmerie pour les vénériens et les blessés, le génie pour les malades, sont les corps les plus favorisés.

En résumé, on trouve que la proportion pour 100 de la totalité des hommes classés dans chaque catégorie, sur le chiffre entier des entrées, est la suivante :

$$\text{Total des entrées 3,253.} \begin{cases} \text{Malades} \dots\dots 2.994 \\ \text{Vénériens} \dots\dots 96 \\ \text{Blessés} \dots\dots 163 \end{cases} \text{Proportion pour 100.} \begin{cases} 92.04 \\ 2.95 \\ 5.01 \end{cases}$$

Les tableaux précédents donnent l'état des hommes entrés par armes ; le mouvement de ces mêmes hommes par corps nous paraît instructif : nous le donnons ici avec tous les détails qu'il comporte.

INFANTERIE.

INFANTERIE DE LIGNE.

100 régiments d'infanterie de ligne ont fourni aux Ambulances un total de 1,361 hommes ; sur ce nombre, en ôtant 17 vénériens et 79 blessés, on trouve 1,265 malades.

Le 49ᵉ l'emporte par son chiffre le plus élevé, 835 hommes, dont 794 malades, 5 vénériens et 36 blessés.

Le 44ᵉ vient ensuite comme le moins favorisé ; il donne 64 hommes, c'est-à-dire 57 malades et 7 vénériens.

En suivant une marche décroissante on trouve : le 100ᵉ avec 26 malades. — Le 66ᵉ en fournit 22 ; le 34ᵉ, 16 ; le 17ᵉ, 15 ; le 87ᵉ, 13 malades et 2 blessés ; le 7ᵉ, également 13 hommes, dont 10 malades et 3 blessés ; le 16ᵉ, 11 malades et 1 blessé ; le 67ᵉ, 12 malades ; le 39ᵉ, 12, dont 2 blessés ; le 56ᵉ, 11 malades ; les 37ᵉ, 63ᵉ et 88ᵉ, chacun 10 hommes, sur lesquels 1 vénérien et 1 blessé ; les 13ᵉ, 36ᵉ, 48ᵉ et 64ᵉ, chacun 9 hommes, dont un blessé pour le 13ᵉ ; les 3ᵉ, 14ᵉ, 31ᵉ, 73ᵉ, 81ᵉ, chacun 8 hommes, y compris 6 blessés ; les 52ᵉ, 54ᵉ, 65ᵉ, 90ᵉ, chacun 7 malades. Les 6ᵉ, 20ᵉ, 25ᵉ, 26ᵉ, 46ᵉ, 58ᵉ, 71ᵉ, 72ᵉ, 77ᵉ, 89ᵉ, 94ᵉ et 99ᵉ, chacun 6 hommes, dont 8 blessés et 1 vénérien.

Les 2ᵉ, 11ᵉ, 21ᵉ, 28ᵉ, 38ᵉ, 41ᵉ, 42ᵉ, 51ᵉ, 57ᵉ, 70ᵉ, 76ᵉ, 82ᵉ et 98ᵉ, chacun 5 hommes, dont 7 blessés et 1 vénérien.

Les 5ᵉ, 18ᵉ, 19ᵉ, 32ᵉ, 55ᵉ, 59ᵉ, 68ᵉ, 78ᵉ et 93ᵉ, chacun 4 hommes, dont 2 blessés.

Les 1ᵉʳ, 8ᵉ, 9ᵉ, 10ᵉ, 22ᵉ, 27ᵉ, 29ᵉ, 33ᵉ, 45ᵉ, 50ᵉ, 53ᵉ, 61ᵉ, 62ᵉ, 69ᵉ, 74ᵉ, 79ᵉ, 80ᵉ, 83ᵉ, 86ᵉ, 97ᵉ, chacun 4 hommes ; le 50ᵉ seul compte 1 blessé et 1 vénérien.

Les 12ᵉ, 15ᵉ, 24ᵉ, 30ᵉ, 35ᵉ, 47ᵉ, 60ᵉ, 92ᵉ, 95ᵉ et 96ᵉ, comptent 2 hommes par chacun d'eux, 1 blessé pour le 12ᵉ.

Les plus favorisés des régiments, ne donnant qu'un seul homme, sont les : 4ᵉ, 23ᵉ, 40ᵉ, 75ᵉ, 84ᵉ, 85ᵉ et 91ᵉ.

Le maximum fourni par le 49ᵉ, dépend de ce que le dépôt de ce régiment tenait garnison à Angoulême pendant la durée des Ambulances. Les hommes de ce corps, malades et blessés, provenant de l'armée en campagne, étaient conséquemment évacués de préférence sur la ville où il faisait séjour. Là se rendaient aussi ceux revenant de captivité, ou dont les blessures et les maladies non encore complétement guéries, nécessitaient une continuation de traitement.

Sur les 100 régiments d'infanterie de ligne, 7 seulement ont donné des vénériens. Le 49ᵉ et le 81ᵉ l'emportent par le chiffre 3 pour chacun. Parmi les 31 régiments ayant envoyé des blessés, le 49ᵉ compte 8 hommes.

MOBILES.

Les mobiles traités provenaient de 30 départements ; le nombre s'élève à 998 hommes, ou 979 malades, 5 vénériens et 14 blessés.

Le maximum revient au département de la Charente ; sur 790 hommes, on rencontre 3 vénériens et 9 blessés.

Le département de la Dordogne fournit 55 malades et 1 vénérien ; celui de la Sarthe, 18 malades, 1 vénérien, 1 blessé ; le Calvados, 14 malades ; le département de Seine-et-Marne, 9 hommes ; les Côtes-du-Nord, le Puy-de-Dôme, la Haute-Garonne, 8 hommes ; l'Orne, l'Ain, le Jura, 7 hommes ; les Vosges, le Loir-et-Cher, 6 hommes ; la Haute-Vienne, le Lot, 5 hommes.

Les départements de la Meurthe, d'Eure-et-Loir, 4 hommes ; ceux d'Indre-et-Loire, de la Creuse, du Gers, des Hautes-Pyrénées, 3 hommes ; le département des Bouches-du-Rhône, 2 hommes ; la Manche, la Mayenne, ceux de Saône-et-Loire, de la Gironde, de l'Aveyron, du Gard, de l'Isère, 1 homme chacun.

MOBILISÉS.

Le contingent de 11 départements a été de 317 hommes, parmi lesquels 2 vénériens.

Comme pour les mobiles, la Charente l'emporte par le chiffre de 167 malades ; le département de la Vienne suit immédiatement avec 93 malades ; le Cantal en donne 29, dont 2 vénériens ; la Corrèze, 8 ; la Charente-Inférieure, 7 ; le Morbihan, 5 ; la Loire, 3 ; les départements d'Ille-et-Vilaine et du Finistère, 2 ; les Basses-Pyrénées, 1.

FRANCS-TIREURS.

Les 6 départements de la Seine, d'Indre-et-Loire, de la Haute-Garonne, de la Gironde,

3

d'Eure-et-Loir et des Alpes-Maritimes, ont envoyé 10 hommes, parmi lesquels 1 vénérien, pour le département des Alpes-Maritimes.

CHASSEURS A PIED.

Les 75 hommes appartenant à ce corps, proviennent de 16 bataillons. On y compte 1 vénérien pour le 9ᵉ et 3 blessés, 1 par chacun des 9ᵉ, 16ᵉ et 20ᵉ bataillons.

Le chiffre le plus élevé, 10 hommes, est pour le 6ᵉ bataillon; le 11ᵉ en donne 9 ; le 3ᵉ, 8; le 12ᵉ, 7; le 16ᵉ, 6.

Les 5ᵉ, 9ᵉ et 19ᵉ bataillons donnent 5 hommes chacun; le 8ᵉ, 4 ; les 12ᵉ et 17ᵉ, 3 ; les 4ᵉ, 18ᵉ, 20ᵉ, 2; le 13ᵉ, 1.

ZOUAVES.

14 hommes, parmi lesquels 2 vénériens et 1 blessé, sortent du 4ᵉ régiment de zouaves. Le 2ᵉ régiment envoie 10 hommes; le 3ᵉ, 2 ; les 1ᵉʳ et 4ᵉ, chacun 1.

TIRAILLEURS-ALGÉRIENS.

Le 2ᵉ régiment de tirailleurs algériens ne donne que 6 malades.

LÉGION ÉTRANGÈRE.

La légion étrangère, pour le 2ᵉ régiment, fournit 5 hommes, ou 3 malades, 1 vénérien et 1 blessé.

INFANTERIE DE MARINE.

Les 1ᵉʳ, 2ᵉ et 3ᵉ régiments d'infanterie de marine donnent 12 hommes; 7 hommes, dont 5 vénériens et 2 blessés, appartiennent au 2ᵉ. Le 3ᵉ régiment donne 3 malades; le 1ᵉʳ, 1 vénérien et 1 blessé.

CAVALERIE.

CUIRASSIERS.

Le corps des cuirassiers a été représenté par 9 régiments et un total de 18 hommes, ou 11 malades, 2 vénériens et 5 blessés.

Le 11ᵉ régiment donne 5 malades et 1 blessé; les 1ᵉʳ, 3ᵉ, 5ᵉ, 7ᵉ, 8ᵉ et 10ᵉ, chacun 1 malade; les 3ᵉ et 8ᵉ, 2 vénériens; les 5ᵉ et 10ᵉ, 2 blessés; le 7ᵉ, 2 vénériens; le 9ᵉ, 2 malades.

DRAGONS.

190 malades, 22 vénériens et 35 blessés, forment le contingent de 5 régiments de ce corps.

Le chiffre le plus élevé est fourni par le 5ᵉ régiment; il donne 144 malades, 25 vénériens et 10 blessés. Le 1ᵉʳ a 40 malades, 12 vénériens, 10 blessés; les 9ᵉ et 12ᵉ, chacun 2 malades; les 3ᵉ et 4ᵉ, 1 malade.

Le nombre relativement élevé des hommes pour les 1ᵉʳ et 5ᵉ régiments, s'explique par le séjour prolongé de ces deux régiments au camp des Chaumes de Crages.

LANCIERS.

Les 2ᵉ, 4ᵉ, 5ᵉ et 9ᵉ régiments de lanciers, fournissent chacun 1 homme malade; le 5ᵉ seul donne 1 vénérien.

CHASSEURS A CHEVAL.

Il en est de même pour les 10ᵉ et 12ᵉ régiments de chasseurs à cheval, ayant chacun 1 homme, dont 1 vénérien pour le 10ᵉ régiment.

HUSSARDS.

Les 1ᵉʳ, 2ᵉ, 3ᵉ et 6ᵉ régiments de hussards comptent 6 hommes; 1 vénérien pour le 6ᵉ et 2 blessés pour le 2ᵉ.

SPAHIS.

1 seul homme appartient à ce corps.

COMPAGNIE DE REMONTE.

2 malades et 1 vénérien composent l'effectif envoyé par les 2ᵉ et 3ᵉ compagnies.

ÉCOLE DE CAVALERIE.

L'école de cavalerie de Saumur, séjournant 15 jours environ au camp des Chaumes de Crages, envoie 23 hommes, dont 1 blessé par accident.

ARTILLERIE.

ARTILLERIE PROPREMENT DITE.

On compte 25 malades, 17 vénériens et 10 blessés pour 14 régiments d'artillerie.

Le 10ᵉ donne 12 malades, 1 vénérien et 1 blessé; le 22ᵉ, 8 malades et 2 vénériens.

Le 8ᵉ régiment, 4 vénériens et 1 blessé; le 25ᵉ, 3 blessés et 2 vénériens; le 12ᵉ, 2 vénériens et 1 blessé; le 18ᵉ, 1 vénérien et 2 blessés.

Le 11ᵉ, 2 malades et 1 blessé; les 9ᵉ et 15ᵉ, 3 malades et 1 vénérien; les 14ᵉ et 20ᵉ, 2 malades, 1 vénérien; le 3ᵉ, 1 malade et 1 vénérien; le 6ᵉ, 2 malades; le 1ᵉʳ, 1 malade.

TRAIN D'ARTILLERIE.

Les 1ᵉʳ, 2ᵉ et 3ᵉ régiments du train d'artillerie comptent 3 malades, parmi lesquels 1 vénérien.

GÉNIE.

2 malades, 13 vénériens et 5 blessés; proviennent des 1ᵉʳ, 2ᵉ et 3ᵉ régiments du génie. 6 vénériens et 1 blessé, sont fournis par le 2ᵉ; 4 vénériens et 3 blessés par le 1ᵉʳ; 3 vénériens et 1 blessé par le 3ᵉ; les 1ᵉʳ et 3ᵉ ont chacun 1 malade.

TRAIN DES ÉQUIPAGES.

Le 2ᵉ escadron du train des équipages fournit 25 malades, le 3ᵉ escadron 2 blessés.

CORPS SPÉCIAUX.

GENDARMERIE A PIED.

2 hommes malades font partie de ce corps.

GENDARMERIE A CHEVAL.

La gendarmerie à cheval a donné 5 hommes, dont 1 blessé.

GARDE RÉPUBLICAINE.

2 vénériens et 1 blessé sortent de la garde républicaine.

OUVRIERS D'ADMINISTRATION.

Les 1ʳᵉ, 2ᵉ et 3ᵉ sections d'ouvriers d'administration donnent en tout 14 malades.

SERVICE DE SANTÉ.

Sur 6 hommes de ce corps, on compte deux médecins aides-major; 2 malades appartiennent à la 1ʳᵉ section d'infirmiers, 2 à la 2ᵉ section.

INTENDANCE.

4 malades sont fournis par les employés des bureaux de l'intendance.

MARINE.

BATAILLONS DE MARINS ET ÉQUIPAGES DE LA FLOTTE.

Les 1er, 4e et 6e bataillons de marins et les équipages de la flotte, donnent un total de 6 malades.

Nous portons en dehors des états qui précèdent, bien que nous les comptions dans l'ensemble général, 3 hommes, à savoir : 1 malade du 1er régiment des voltigeurs de l'ex-garde, 1 vénérien du 3e régiment de grenadiers de l'ex-garde, et 1 blessé de l'armée ennemie, appartenant aux chasseurs à pied, Mecklembourgeois.

Sur le total des hommes entrés, on compte 32 officiers et 68 sous-officiers. Sur les 32 officiers, il y a 1 blessé et 31 malades; sur les sous-officiers, 45 malades, 16 vénériens et 7 blessés.

JOURNÉES DE TRAITEMENT.

Le nombre total des journées de traitement des 3,253 hommes pendant la durée de 10 mois et 20 jours, a été de 63,635.

En observant ici le même mode que pour les tableaux des entrées, nous pouvons dresser le tableau suivant des journées de traitement par trimestres et par armes.

	4ᵉ TRIMESTRE 1870		1ᵉʳ TRIMESTRE 1871		2ᵉ TRIMESTRE 1871		3ᵉ TRIMESTRE 1871		TOTAL GÉNÉRAL	
	Entrées.	Journées de traitement.	Entrées.	Journées de traitement.	Entrées.	Journées de traitement.	Entrées.	Journées de traitement	Entrées.	Journées de traitement.
Infanterie..........	1.118	14.070	1.247	27.289	211	7.502	152	5.561	2.798	54.423
Cavalerie et remontes.	7	73	77	1.030	144	2.748	76	2.490	304	6.341
Artillerie et train d'artillerie.	7	109	26	435	17	615	14	266	64	1.425
Génie.............	7	122	8	68	3	205	2	141	20	536
Train des équipages...	3	40	21	157	1	46	2	40	27	283
Gendarmerie........	1	30	3	94	2	65	4	83	10	272
Ouvriers d'administratᵒⁿ	»	»	3	30	6	48	5	51	14	129
Marins et équipages de la flotte.	1	16	4	44	»	»	1	32	6	92
Service de santé......	1	30	5	65	»	»	»	»	6	95
Intendance..........	»	»	3	30	»	»	1	9	4	39
RÉCAPITULATION..	1.215	14.491	1.397	29.242	384	11.229	257	8.673	3.253	63.635

La moyenne des journées de traitement par malade pour chaque arme, ainsi que la proportion pour 100 de ces mêmes journées, calculées, la 1ʳᵉ par le nombre des entrées

comparées au nombre des journées ; la 2ᵉ par le nombre de ces mêmes entrées relativement à la somme totale qu'elles donnent, se traduisant ainsi :

	NOMBRE des ENTRÉES.	NOMBRE DES JOURNÉES de TRAITEMENT.	MOYENNE des JOURNÉES de TRAITEMENT par MALADE.	PROPORTION pour 100 DES JOURNÉES de TRAITEMENT sur la somme DES JOURNÉES.
Infanterie	2.798	54.423	19	85.52
Cavalerie et remontes......................	304	6.341	21	9.97
Artillerie et train d'artillerie..........	64	1.425	22	2.24
Génie	20	536	27	0.84
Train des équipages........................	27	283	10	0.45
Gendarmerie................................	10	272	27	0.43
Ouvriers d'Administration	14	129	9	0.20
Marins et équipages de la flotte..........	6	92	15	0.14
Service de santé..........................	6	95	16	0.15
Intendance	4	39	10	0.06
RÉCAPITULATION.........	3.253	63.635	20	5.11

La gendarmerie et le génie occupent dans la colonne des moyennes de journées, par
homme, l'ordre le plus élevé, tandis que dans celle des proportions pour 100, sur la
somme totale des journées de chaque arme, le maximum revient à l'infanterie et à la
cavalerie.

Les autres armes suivent une marche constamment décroissante.

La moyenne générale est de 20 journées, par homme malade ou blessé; le chiffre
5,11, représente la moyenne des hommes entrés, entre lesquels ont été réparties
100 journées de traitement.

La totalité des hommes, répartie en trois catégories, malades, vénériens et blessés,
donne les sommes afférentes à chacune, en voici le résultat :

MALADES.

	4e TRIMESTRE 1870		1er TRIMESTRE 1871		2e TRIMESTRE 1871		3e TRIMESTRE 1871		TOTAL GÉNÉRAL		MOYENNE DES JOURNÉES de traitement par malade.	Proportion pour 100 des journées de traitement sur la somme des journées.
	Entrées.	Journées de traitement.	Entrées.	Journées de traitement.	Entrées.	Journées de traitement.	Entrées.	Journées de traitement.	Entrées.	Journées de traitement.		
Infanterie	1.167	13.924	1.190	26.435	176	6.840	128	4.407	2.661	51.606	19	88.05
Cavalerie et remonte ..	6	13	69	821	139	2.274	18	1.950	232	5.058	22	8.63
Artillerie et train d'artillerie..	7	109	12	338	10	449	8	16	37	912	25	1.56
Génie	»	»	1	130	»	»	1	118	2	248	124	0.42
Train des équipages...	3	40	19	157	1	46	2	40	25	283	11	0.48
Gendarmerie	1	20	2	54	1	41	3	33	7	148	21	0.25
Ouvriers d'administratᵒⁿ	»	»	3	35	6	53	5	41	14	129	9	0.22
Marins et équipage de la flotte.	1	6	4	44	»	»	1	42	6	92	15	0.15
Service de santé	1	38	5	57	»	»	»	»	6	95	16	0.16
Intendance	»	»	3	30	»	»	1	9	4	39	10	0.07
RÉCAPITULATION..	1.186	14.150	1.308	28.101	333	9.703	167	6.656	2.994	58.610	19	5.11

VÉNÉRIENS.

	Entrées.	Journées.	Entrées.	Journées.	Entrées.	Journées.	Entrées.	Journées.	Entrées.	Journées.	Moyenne.	Proportion.
Infanterie	6	119	»	»	10	286	20	121	36	526	15	27.35
Cavalerie et remonte...	»	»	2	156	1	151	25	588	28	895	32	46.54
Artillerie et train d'artillerie..	»	»	5	74	6	90	6	76	17	240	14	12.48
Génie	6	93	5	60	1	54	1	31	13	238	18	12.38
Gendarmerie	»	»	1	10	»	»	1	14	2	24	12	1.25
RÉCAPITULATION..	12	212	13	300	18	581	53	830	96	1.923	20	4.99

BLESSÉS.

	Entrées.	Journées.	Entrées.	Journées.	Entrées.	Journées.	Entrées.	Journées.	Entrées.	Journées.	Moyenne.	Proportion.
Infanterie	15	180	54	768	12	462	20	881	101	2.291	23	73.86
Cavalerie et remonte...	1	25	6	110	4	108	33	145	44	388	9	12.51
Artillerie et train d'artillerie..	»	»	9	250	1	23	»	»	10	273	27	8.80
Génie	1	20	2	15	2	15	»	»	5	50	10	1.61
Train des équipages...	»	»	»	»	1	20	»	»	1	20	20	2.58
Gendarmerie	»	»	2	80	»	»	»	»	2	80	40	0.64
RÉCAPITULATION..	17	225	73	1.223	20	628	53	1.026	163	3.102	19	5.25
Total général.....	1.215	14.587	1.394	29.624	371	10.912	273	8.512	3.253	63.635	20	5.11

En comparant les résultats qui précèdent, avec ceux déduits de la masse totale, on ne constate que de faibles différences. La moyenne la moins forte dans le groupe des malades, s'applique au corps des ouvriers d'administration; elle est de 7 journées, tandis que la plus forte, 124, revient au génie.

Pour les vénériens, le chiffre le plus favorable, 12, est à la gendarmerie; la cavalerie, au contraire, l'emporte par la moyenne de 32 journées.

Enfin pour les blessés, la cavalerie est la plus favorisée; sa moyenne est de 9, tandis que le train des équipages s'élève au chiffre de 40 journées.

MOUVEMENT NOSOGRAPHIQUE.

L'état du mouvement et des journées de traitement des hommes, ainsi connu, il paraît rationnel de tracer les tableaux d'ensemble des diverses maladies, et de la mortalité pour chacune d'elles, sans préjudice pour le chapitre des décès, que nous aurons à examiner dans la suite.

MALADES.

CHAPITRES	MALADIES	4e TRIMESTRE 1870		1er TRIMESTRE 1871		2e TRIMESTRE 1871		3e TRIMESTRE 1871		NOMBRE TOTAL des cas DE MALADIES.	NOMBRE TOTAL DES DÉCÈS.
		Nombre des cas de Maladies	Décès.	Nombre des cas de Maladies	Décès.	Nombre des cas du Maladies	Décès	Nombre des cas de Maladies	Décès.		
Fièvres.	Continue inflammatoire.......	100	3	144	4	25	1	14	»	283	8
	Typhoïde.................	33	10	40	7	4	»	1	»	78	17
	Intermittente..............	72	13	18	3	4	»	9	»	103	16
	Rémittente..............	»	»	»	»	15	1	3	»	18	1
Fièvres erruptives.	Variole.................	403	58	219	43	9	3	»	»	631	104
	Rougeole.................	55	8	10	»	1	1	»	»	66	9
	Scarlatine.................	7	3	11	1	»	»	»	»	18	4
Maladies virulentes ou contagieuses.	Anthrax..................	»	»	»	»	2	»	»	»	2	»
	Purpura hœmorrhagica??.....	13	10	1	1	1	»	»	»	15	11
Maladies du cerveau.	Encéphalite..............	»	»	1	»	1	»	»	»	2	»
	Méningite.................	»	»	1	»	»	»	3	»	4	»
Maladies des organes de la circulation.	Pericardite.................	1	»	2	»	2	»	1	»	6	»
	Hypertrophie du cœur.......	2	»	1	1	»	»	3	»	6	1
	Anémie	1	»	33	5	7	»	3	»	44	5
Maladies des organes de la respiration.	Laryngite inflammatoire simple.	1	»	15	2	2	»	2	»	20	2
	Bronchite.................	90	6	200	20	20	3	31	2	341	31
	— chronique........	20	11	61	6	8	2	»	»	89	19
	Pneumonie.................	12	9	63	10	8	2	5	»	90	21
	Pleurésie.................	14	4	56	3	5	»	7	»	82	7
	A reporter.......	824	135	878	106	114	13	82	2	1.898	256

CHAPITRES	MALADIES	4e TRIMESTRE 1870		1er TRIMESTRE 1871		2e TRIMESTRE 1871		3e TRIMESTRE 1871		NOMBRE TOTAL des cas DE MALADIES	NOMBRE TOTAL des Décès
		Nombre des cas de Maladies	Décès.	Nombre des cas de Maladies	Décès.	Nombre des cas de Maladies	Décès.	Nombre des cas de Maladies	Décès.		
	Report..........	824	135	878	106	114	13	82	2	1.898	256
	Stomatite.................	1	»	»	»	»	»	2	»	3	»
Maladies des organes	Angine inflammatoire simple...	12	»	66	5	1	1	»	»	79	6
de	Gastralgie	32	4	126	5	21	2	25	»	204	11
la digestion	Dyspepsie.................	»	»	»	»	1	»	»	»	1	»
et de ses annexes.	Entérite..................	25	9	7	»	2	»	»	»	34	9
	Dysenterie.................	119	8	74	10	15	1	45	1	253	20
	Ictère....................	1	»	4	»	»	»	2	»	7	»
	Hernies	3	»	»	»	2	»	»	»	5	»
Maladies des reins.	Albuminurie..............	2	1	»	»	2	»	»	»	4	1
Maladies des os.	Fractures.................	»	»	»	»	3	»	»	»	3	»
Maladies articulaires.	Rhumatisme articulaire.......	10	1	55	2	11	»	5	»	81	3
	Hydarthrose..............	3	1	»	»	»	»	»	»	3	1
	Luxation	»	»	1	»	6	»	2	»	9	»
Maladies du système nerveux.	Aliénation mentale..........	»	»	»	»	1	»	1	»	2	»
	Nostalgie.................	»	»	»	»	»	»	2	»	2	»
	Épilepsie	»	»	»	»	»	»	2	»	2	»
	Névralgie sciatique	7	»	1	»	»	»	1	»	9	»
	Névralgies diverses.........	3	»	4	»	2	»	»	»	9	»
Maladies de l'appareil de la vision.	Ophthalmie aiguë...........	»	»	3	»	»	»	4	»	7	»
	Kératite..................	1	»	1	»	»	»	»	»	2	»
	Conjonctivite	2	»	»	»	»	»	4	»	6	»
	Hemeralopie..............	1	»	»	»	12	»	3	»	16	»
	Tumeur lacrymale..........	»	»	»	»	1	»	»	»	1	»
Maladies de l'appareil auditif.	Otite....................	»	»	»	»	4	»	2	»	6	»
	Otorrhée.................	»	»	12	»	»	»	1	»	13	»
Maladies du système lymphatique.	Abcès tuberculeux..........	»	»	3	»	»	»	»	»	3	»
	Adénite	12	»	11	2	13	3	2	»	38	5
Maladies des muscles.	Rhumatisme musculaire	51	»	17	1	9	»	1	»	78	1
Maladies du tissu cellulaire.	OEdème...................	»	»	»	»	»	»	5	»	5	»
Maladies de la peau.	Exanthèmes en général.......	12	»	8	»	11	»	10	»	41	»
	Erysipèle.................	19	1	6	2	5	»	1	»	31	3
Maladies diverses.	Hydropysie en général........	»	»	1	»	1	»	»	»	2	»
	Abcès et phlegmons en général.	24	3	9	»	»	»	2	»	35	3
	Ulcères..................	»	»	»	»	5	»	»	»	5	»
	Plaies diverses.............	»	»	25	»	»	»	»	»	25	»
	Contusions.................	2	»	3	»	16	1	4	»	25	1
	Congélations................	»	»	4	»	2	»	»	»	6	»
	Gale....................	3	»	31	»	6	»	1	»	41	»
	RÉCAPITULATION.........	1.169	163	1.350	133	266	21	209	3	2.994	320

L'examen de ce tableau donne la mesure des maladies dominantes.

Les fièvres éruptives occupent le premier rang par le chiffre 715, dont 631 pour la variole seule.

Les bronchites, fièvres continues, dysenterie, gastralgie et fièvres intermittentes se succèdent dans une large proportion.

Mettant de côté la question des fièvres éruptives, sur lesquelles nous reviendrons plus loin, la bronchite simple l'emporte par le nombre 341; la bronchite chronique donne 89 malades: ce qui fait un total de 430; en y ajoutant 90 hommes pour la pneumonie, 82 pour la pleurésie et 20 pour la laryngite inflammatoire simple, on obtient une somme de 622 malades, propres aux affections des organes respiratoires.

Les maladies des organes de la digestion et de ses annexes viennent immédiatement après; la gastralgie et la dysenterie, a elles seules, forment un total de 457 cas; en comprenant, en outre, l'angine inflammatoire simple et l'entérite, on trouve 750 cas.

Le chapitre des fièvres s'élève à 482.

Les maladies articulaires et des muscles, comptent 159 cas.

Ces quatre groupes ainsi formés, donnent le nombre de 1,833 cas, qui, défalqué du nombre total des malades 2,994, ne laisse, pour les diverses autres maladies, que le chiffre 1,161.

Les causes de la fréquence de ces maladies sont facilement explicables, si l'on se reporte aux conditions hygiéniques auxquelles étaient soumis les hommes pendant la durée de la campagne de 1870-1871.

Variations atmosphériques, impressions brusques du froid, fatigues de toute nature, marches forcées, alimentation souvent insuffisante, plus souvent mauvaise; telles sont les causes occasionnelles résultant de l'étiologie des maladies dont l'énumération vient d'être faite, causes qui, si l'on peut s'exprimer ainsi, environnaient de toutes parts l'armée et en provoquaient le développement avec une intensité d'autant plus grande que la généralité des hommes, les mobiles et les mobilisés surtout, peu ou pas habitués aux influences précitées, conséquence de leur nouvelle manière de vivre, étaient par cela même plus accessibles à contracter des maladies.

VARIOLE. — Les fièvres éruptives occupent, comme on l'a vu, le premier rang dans nos cadres nosologiques; 18 cas reviennent à la scarlatine, 66 à la rougeole et 631 à la variole.

Longtemps avant le début de la campagne, l'épidémie variolique sévissait avec intensité; l'armée évidemment ne pouvait être épargnée. Atteignant indistinctement les hommes de toutes armes, elle a cependant frappé d'une façon plus marquée sur l'infanterie. Par une sorte de compensation, la mortalité chez les hommes de cette catégorie a été moindre.

Nous croyons en trouver la cause dans le non épuisement complet de l'action préservatrice de la vaccine, par suite du temps écoulé depuis la vaccination. En effet, presque tous les hommes atteints avaient été vaccinés; or, de ce que l'influence du vaccin est en raison directe du temps écoulé depuis la vaccination jusqu'au moment de l'invasion, il en est résulté que la maladie a été d'autant moins grave pour les hommes de la mobile, presque tous jeunes, plus jeunes en général que la majeure partie des soldats de la ligne et des autres corps (à l'exception bien entendu des jeunes soldats nouvellement incorporés) qu'ils étaient vaccinés depuis une période de temps relativement moins longue.

Bien que cette opinion ait été défendue avec succès, comme aussi combattue par de savants adversaires, et que malgré les discussions soulevées dans ces derniers temps, elle ne soit pas définitivement jugée, nous en trouvons cependant la confirmation dans plusieurs revaccinations, pratiquées par nous-même sur certains sujets admis aux Ambulances.

Malgré cette opération, un assez grand nombre d'hommes ont été atteints de variole, mais dans ces cas la maladie s'est montrée invariablement bénigne, et à la colonne des insuccès, on ne trouve qu'un résultat nul. Il y a plus, c'est que la bénignité des contagions varioliques a été le partage, même des hommes chez lesquels les pustules de la vaccine ne s'étaient pas développées.

Toujours grave dans sa forme simple, la variole, pendant la durée de l'épidémie, a été accompagnée de complications presque toutes fatales.

Les formes hémorrhagiques et confluentes ont dominé, car, sur les 631 cas, 420 reviennent à la forme hémorrhagique; des 211 cas restant, 101 rentrent dans le cadre de la forme confluente, ce qui ne laisse que 110 cas pour la variole simple, en résumé 520 cas pour les varioles hémorrhagique et confluente.

Ces deux formes n'ont jamais atteint, comme nous l'avons dit, que les hommes depuis longtemps vaccinés; l'utilité de recourir à l'inoculation de la vaccine plusieurs fois dans le cours de l'existence, semble par cela même démontrée.

Évidemment la revaccination ne constitue pas un traitement prophylactique invariable dans ses effets, mais elle atténue considérablement la gravité de l'épidémie, et tel homme qui revacciné n'a eu qu'une variole légère, si il ne l'eût pas été aurait sinon succombé, du moins couru de sérieux dangers. Comme succédané du traitement curatif des varioles confluentes et des varioles en général, il faut noter les lotions d'eau phéniquée principalement sur la face, suivies de succès dans les services de M. le docteur Fournier.

SCARLATINE. — ROUGEOLE. — La scarlatine et la rougeole, en moins grand nombre que la variole, ont cependant participé à la gravité de ses complications. La rougeole, à l'exception de quelques cas rares, s'est bornée aux mobilisés de la Vienne qui l'ont introduite dans nos Ambulances, l'épidémie n'y existant pas avant leur venue. Les deux fièvres éruptives ont été surtout caractérisées par des scarlatines et des rougeoles anomales, accompagnées parfois de vésicules miliaires, de taches morbilleuses teintes en noir ou livides, de gonflement du tissu cellulaire sous-cutané; les affections secondaires ont consisté, en blépharites, ophthalmies chroniques, principalement en éruptions furonculeuses.

PURPURA HOEMORRHAGICA?? (non auctorum!!) — Il est une affection que nous avons classée dans le 3ᵉ chapitre des maladies virulentes ou contagieuses. Sous le nom de purpura hœmorrhagica, nous l'avons intentionellement fait suivre d'un point de doute (?) Cette affection n'a pas été très-fréquente, puisque sur la totalité des malades, nous en avons noté seulement 15 cas, mais sa gravité à été telle, que sur ce chiffre relativement minime, on compte 11 insuccès.

Elle s'est déclarée pendant l'épidémie des fièvres éruptives.

Après une période d'incubation dépassant rarement deux jours, annoncée par une céphalalgie intense, des douleurs musculaires, des vomissements, une haleine fétide, et l'insomnie, la face des hommes atteints devenait turgescente, des frissons parfois suivis de tremblements dans les membres, une soif vive, la déglutition pénible, accompagnaient les premiers symptômes; vers le quatrième jour, plus rarement vers le sixième, on voyait paraître un nombre variable de taches ecchymotiques, accompagnées d'hémorrhagies interstitielles du tissu dermoïde et de plaques pétéchiales. Tantôt, sur le même sujet, l'éruption s'est montrée sous la forme de plaques d'un rouge vif ou violacées d'une dimension microscopique et en nombre considérable, donnant à la peau une teinte uniforme, laissant de prime-abord diagnostiquer une éruption de rougeole; tantôt sous l'aspect de plaques larges, fortement ecchymotiques, conservant leur couleur sous la pression du doigt. Situées aux aines, leur point de départ, avant de s'étendre aux membres inférieurs, au ventre, à la poitrine, plus rarement à la face.

Si d'abord la presque totalité de ces caractères est applicable au purpura hœmorrhagica des auteurs, notamment à celui décrit par Bateman et Willan, ils sont aussi symptomatiques de plusieurs autres maladies, parmi lesquelles priment le scorbut et le typhus.

Laissant de côté le scorbut avec ses pétéchies, ses ecchymoses, ses taches hémorrhagiques il est vrai, mais, de plus, avec ses phénomènes concomitants, tels que le gonflement, la lividité, la spongiosité, les végétations fougueuses des gencives, etc., etc.

Il reste le typhus ; or, cette maladie, comme la précédente, fournit des symptômes différentiels qui lui sont propres, symptômes observés chez les 15 hommes portés au troisième chapitre des maladies virulentes, et qui consistent dans le gonflement, la suppuration, parfois la gangrène des parotides et du tissu cellulaire environnant.

Dans la dernière période de la maladie nous n'avons observé que 5 cas où se sont développés des bubons inguinaux, — la langue était sèche, fuligineuse, les lèvres couvertes de croûtes noirâtres, la peau visqueuse. Des sudamina, des marbrures violacées se montraient sur la peau ; à des convulsions tétaniques ne tardait pas à succéder une prostration complète, et les malades succombaient dans un coma profond, exhalant une odeur particulière et pénétrante, décrite par les auteurs sous le nom d'odeur de souris.

L'examen nécropsique est venu affirmer ces symptômes et démontrer que le prétendu purpura hœmorrhagica n'était autre chose que le typhus ! Cet examen a montré les abcès du cerveau et du cervelet signalés par Pringle ; l'inflammation et la suppuration de la glande parotidienne et du tissu cellulaire environnant, déjà notée, la muqueuse du tube digestif enflammée, parfois gangrenée ; l'hépatisation du poumon ; enfin, dans certains cas, des traces profondes d'hémorrhagies intestinales, et le ramollissement des tissus du cœur et des reins.

Le petit nombre d'hommes atteints du typhus, leur présence au milieu de salles où couchaient un grand nombre d'autres malades, sans que ceux-ci en aient ressenti la plus légère influence, semblent indiquer qu'il régnait sporadiquement et non sous forme d'épidémie.

DYSENTERIE. — Les cas de dysenterie, au nombre de 253, remontent en majeure partie au début des ambulances, époque à laquelle une épidémie régnait, non-seulement sur les troupes, mais sur la population de la ville et de la campagne. Rarement sous la forme légère, la maladie a dominé sous la forme grave ; néanmoins on ne trouve que 20 décès.

La cause en est due au traitement suivi par M. le docteur Fournier, l'un de nos chefs de service, traitement que nous résumons ainsi :

Au début : Selles glaireuses, 30 centigr. calomel ; 1 gramme poudre de rhubarbe en
            deux paquets.
            Selles sanguinolentes, état saburral : décoction d'ipécacuanha.
Un jour d'intervalle pendant lequel : potion et lavements laudanisés.
Retour au traitement substitutif.
Au déclin : Selles bilieuses, 2 grammes sous-nitrate de bismuth.

Les résultats obtenus à l'aide du nitrate d'argent ont été nuls et son emploi a dû être rejeté.

ADÉNITE CERVICALE. — 38 hommes atteints d'adénite cervicale ont été traités. Cette affection, mal connue avant d'avoir été décrite par le docteur Larrey, est particulièrement propre aux militaires, d'après le savant chirurgien.

Le développement pathologique des ganglions cervicaux s'est montré, dans les ambulances, sur des hommes généralement robustes. Nous ne l'avons jamais constaté chez les cavaliers; les fantassins ont donné à eux seuls le contingent.

Il faut, avec le docteur Larrey, écarter l'influence de la diathèse scrofuleuse, et ne voir dans le développement des ganglions qu'une cause purement locale, tout en constatant que les tempéraments lymphatiques sont plus facilement sujets à contracter la maladie.

Or, les causes indiquées par l'auteur, telles que la transition brusque de la vie de garnison à celle des camps, les variations de température, le changement de climat, les factions de nuit, ont porté sur nos hommes affectés de cette maladie du système lymphatiques. Nous l'avons surtout remarquée sur ceux rentrant de captivité. Quoique rarement mortelle, 5 décès sur 38 cas se sont présentés. Chez 3 de ces derniers, la dégénérescence encéphaloïde a été notée.

VENERIENS.

CHAPITRES	MALADIES	4e TRIMESTRE 1871		1er TRIMESTRE 1870		2e TRIMESTRE 1871		3e TRIMESTRE 1871		NOMBRE TOTAL des cas DE MALADIES.	NOMBRE TOTAL DES DÉCÈS.
		Nombre des cas de Maladies	Décès.	Nombre des cas de Maladies	Décès.	Nombre des cas de Maladies	Décès.	Nombre des cas de Maladies	Décès.		
Maladies vénériennes.	Blennorrhagie	5	»	7	»	15	»	12	»	39	»
	Orchite blennorrhagique	3	»	1	»	2	»	3	»	9	»
	Bubons...................	1	»	»	»	1	»	7	»	9	»
	Chancres	2	»	1	»	8	»	8	»	19	»
	Plaques muqueuses.........	2	»	1	»	3	»	2	»	8	»
	Syphilides................	1	»	3	»	8	»	»	»	12	»
	RÉCAPITULATION........	14	»	13	»	37	»	32	»	96	»

Le nombre des vénériens est faible, comparé à celui des entrées. La blennorrhagie est l'affection qui l'emporte. 39 cas reviennent en partie à l'infanterie de ligne.

9 hommes ont été atteints de bubons, dont la gravité a été singulièrement accrue pour deux, par l'apparition de la pourriture d'hôpital, pendant la période de supuration.

Après les blennorrhagies, les chancres ont été les plus nombreux. 19 cas sont presque uniquement propres à la cavalerie. Comme complication des chancres du prépuce, il faut compter 5 phymosis et 1 paraphymosis.

De même que les chancres, les plaques muqueuses reviennent à la cavalerie.

Comme affections consécutives, il faut inscrire 12 cas de syphilides, parmi lesquelles 1 pimphigus et 2 rupia.

BLESSÉS.

CHAPITRES	BLESSURES	4e TRIMESTRE 1871		1er TRIMESTRE 1870		2e TRIMESTRE 1871		3e TRIMESTRE 1871		NOMBRE TOTAL des cas DE BLESSURES.	NOMBRE TOTAL DES DÉCÈS.
		Nombre des cas de Blessures.	Décès.	Nombre des cas de Blessures.	Décès.	Nombre des cas de Blessures.	Décès.	Nombre des cas de Blessures.	Décès		
Blessures diverses.	Eclats d'obus et coup de feu à la tête............	»	»	2	»	1	»	»	»	3	»
	Coup de feu à la poitrine.....	2	1	2	1	3	»	»	»	7	2
	Coup de feu et éclat d'obus au bras...................	7	»	6	1	11	»	5	»	29	1
	Coup de feu à la main,.......	17	2	5	»	28	»	3	»	53	2
	Coup de feu à la cuisse.......	»	»	»	»	8	»	»	»	8	3
	Coup de feu et éclat d'obus à la jambe................	»	»	»	»	12	4	3	»	15	4
	Coup de feu au pied..........	5	1	19	3	18	3	4	»	46	4
	Coup de feu et éclat d'obus au ventre.................	2	1	»	»	»	»	»	»	2	1
	RÉCAPITULATION........	33	5	34	5	81	7	15	»	163	17

Les blessures ont été graves, plutôt, à quelques exceptions près, à cause des complications survenues, que par la nature même des plaies.

Les coups de feu aux mains, de beaucoup les plus fréquents, donnent un total de 53 cas.

Il est à remarquer que pour les blessures de ce groupe, nous avons noté 42 fois l'ablation de tout ou partie de l'indicateur de la main droite; il reste par conséquent 11 cas pour les autres blessures du même organe, consistant dans la perte du pouce, de un ou plusieurs doigts de l'une ou l'autre main, et en éclats d'obus, ayant enlevé l'éminence thénar. Sur le nombre total, 4 cas reviennent à la main gauche.

Cette rareté chez le membre gauche, cette fréquence pour le membre droit, s'expliquent difficilement, car, de toute évidence, les blessures de la main gauche devraient être les plus communes.

En effet, dans le mouvement du tir (les malades ont affirmé avoir été blessés dans

5

cette manœuvre), le bras gauche est étendu en avant en demi-flexion, la main saisit le canon de l'arme sous le pied de la hausse, le pouce allongé le long du bois, l'extrémité des autres doigts ne dépassant que légèrement les bords de la monture, cette main est donc la plus exposée; aussi dans nos rares blessures de la main gauche, le pouce est généralement atteint.

Il n'en est pas de même de la main droite, cette main est en quelque sorte préservée par la position qu'elle occupe: le pouce est placé en arrière du chien, les autres doigts sont garantis par la sous-garde, l'indicateur appuyé sur la détente est recouvert par cette même sous-garde. Or, comment, dans de semblables conditions, l'indicateur a-t-il pu être si souvent atteint? Est-ce par un mouvement de recul de la culasse mobile, au moment où l'homme saisit la barre, pour ouvrir le tonnerre. C'est possible. Tout est possible !..... D'autres hypothèses tout aussi probables peuvent être invoquées ; mais alors, pourquoi la perte de l'indicateur droit est-elle uniquement propre aux jeunes soldats, aux mobiles surtout, jamais aux anciens. Serait-ce par manque d'habitude, par une fausse manœuvre dans le maniement de l'arme? Là est l'énigme, et nous ne voulons l'expliquer qu'à l'aide des précédentes suppositions.

Après les blessures de la main, celles du pied l'ont emporté; on en compte 46. Elles n'ont offert rien de particulier.

Les coups de feu et les éclats d'obus au bras, au nombre de 29, viennent en troisième rang; le bras droit a été le plus fréquemment atteint, quelquefois l'articulation scapulo-humérale, souvent l'articulation cubito-humérale, sont le siége des blessures; la cause pour cette seconde catégorie réside dans la position occupée par le bras droit au moment du tir, le coude droit devant être relevé au niveau de l'épaule, tandis que le gauche est abattu. 1 seul cas de fracture simple sous-cutanée de l'humérus s'est présenté.

Les coups de feu et éclats d'obus à la jambe n'ont donné que 15 cas. Tantôt les muscles seuls ont été traversés ou arrachés, tantôt il y a fractures comminutives du tibia. Celles du péroné ont été rares; pour un seul cas il y a eu fracture des deux os, avec nécrose des extrémités fracturées et élimination d'esquilles tertiaires.

Parmi les 7 cas de plaies de poitrine, 2 ont été pénétrantes et compliquées de pleuropneumonies mortelles. Chez l'un des sujets, la balle, après être entrée un peu au-dessus de la clavicule gauche, était venue sortir entre les 4e et 5e côtes, en effleurant le corps de la 4e vertèbre dorsale; chez l'autre le projectile, entré en fracturant le bord postérieur de l'épine de l'omoplate droite, était venu se perdre dans la substance même du poumon.

Les plaies de tête ont été en petit nombre; il en est de même pour les blessures de l'abdomen. Ce dernier groupe a offert, cependant, un cas remarquable comme gravité et comme succès.

Il s'agit d'un brigadier-fourrier du 10ᵉ régiment d'artillerie, chez lequel un éclat d'obus, après avoir arraché, dans une étendue de 0,10 centimètres, un lambeau des muscles couturier et pectiné de la cuisse gauche, avait enlevé les deux testicules, lacéré une partie du muscle péri-pénien, du corps caverneux gauche, sur une longueur de 0,04 centimètres, et divisé le canal de l'urètre à 0,01 centimètre au-dessous du gland. Entré à l'Ambulance de l'Hôtel-Dieu, le 13 décembre 1870, il sortait complétement guéri le 18 avril 1871, après 126 jours de traitement.

Les hémorrhagies consécutives et la pourriture d'hôpital sont venues compliquer les blessures.

HÉMORRHAGIES. — Sur 163 blessés, on compte 90 cas d'hémorrhagies capillaires. Celles des gros troncs artériels ont été rares. Il faut rattacher plus particulièrement les premières aux plaies avec perte de substance produites par éclats d'obus, principalement à la main, survenant sans cause locale appréciable.

Peut-être doit-on les attribuer, avec le docteur Fano, à la gêne dans la circulation veineuse, conséquence d'une mauvaise situation donnée à la partie blessée par l'inadvertence du malade, à quelque altération du sang; plutôt, avec le professeur Billroth, à l'organisation défectueuse des bourgeons charnus des plaies, chez des individus affaiblis par une supuration abondante, pendant le travail d'élimination des tissus mortifiés.

Un seul exemple de mort par suite d'hémorrhagie a été constaté; il est dû à une hémorrhagie d'un gros tronc artériel.

Le sujet frappé d'un coup de feu à la cuisse n'avait, à son entrée, qu'une plaie de 0,01 centimètre de diamètre, à la partie interne de la cuisse droite, un peu au-dessus de l'angle formé par l'inclinaison du couturier sur le premier au moyen adducteur; à l'exploration on reconnaît la présence du projectile dont l'extraction est faite. L'état général du malade est satisfaisant, lorsqu'au bout d'un traitement de 12 jours, une hémorrhagie foudroyante l'emporte, sans qu'aucuns symptômes puissent faire soupçonner ce dénouement.

L'autopsie révèle la rupture de la partie inférieure de l'artère fémorale profonde. Une supuration abondante avait déterminé la chute d'un caillot obturateur.

POURRITURE D'HÔPITAL. — La pourriture d'hôpital a fait sa première apparition le 28 mai 1871, 220 jours après l'ouverture des Ambulances; elle s'est montrée sous la forme pulpeuse, rarement sous la forme ulcéreuse. Tous les cas ont été suivis de guérison, même pour les hommes les plus sérieusement atteints.

Selon l'opinion généralement accréditée, cette maladie se montre chez les blessés accumulés en grand nombre dans un petit espace, séjournant dans des salles mal aérées, humides, chez les hommes affaiblis par des privations physiques. Delpech attribue une grande influence au voisinage des salles de fiévreux; plusieurs autres la considèrent comme attaquant plus spécialement les blessés affaiblis par des maladies antérieures ou concomitantes, sévissant épidémiquement ou sporadiquement.

Pitha et Fock, auxquels se rattache Billroth, croient que la pourriture d'hôpital est de nature miasmatique, et Lücke, notamment, y voit une espèce d'organisme se développant sous l'influence d'un état atmosphérique particulier; enfin, quelques chirurgiens croient qu'elle est due aux pansements mal faits, etc., etc.

Quoi qu'il en soit de ces opinions diverses, tous indiquent, comme traitement prophylactique, l'isolement des malades, l'assainissement des salles, les soins hygiéniques de toute nature.

Ici, hâtons-nous de le dire, nous ne prétendons discuter ni les unes ni les autres des théories émises, nous ne pouvons, en réponse aux données acquises sur cette maladie, que citer les faits recueillis dans les Ambulances, et nous dirons : Les soins hygiéniques les mieux entendus ont été prodigués à nos blessés; jamais il n'y a eu d'encombrement; jamais, avant la création des ambulances, nos hôpitaux n'avaient eu *même un seul cas* de cette maladie; pas un des hommes reçus n'en était atteint avant son entrée, et cependant l'infection s'est déclarée spontanément sans cause appréciable.

Nos blessés, il faut en convenir, étaient débilités pour la plupart; la salle qui, à l'Hôtel-Dieu, leur était consacrée, était voisine d'une salle de fiévreux, et ce n'est, malgré tout, qu'au bout de 220 jours que la maladie s'est développée sur des sujets, à ce moment, presque entièrement guéris, semblant en quelque sorte les choisir au milieu des autres blessés.

L'évidence du fait est démontrée par les blessés de la salle Saint-Michel, où les hommes des lits N°ˢ 10, 12, 14, 16, 18, notamment, dont les plaies en partie cicatrisées, ont été infectées, tandis que ceux des N°ˢ 11, 13, 15, 17 et 19, intercalés au milieu des précédents, ont été épargnés bien que porteurs de larges plaies.

Cette même salle Saint-Michel, mesurant 10 mètres 40 centimètres de long, 9 mètres 60 centimètres de large et 4 mètres 72 centimètres de haut, cubant par conséquent 879 mètres 52 décimètres cubes d'air, où 22 lits existent, ce qui donne 39 mètres 957 décimètres cubes d'air par lit, a vu régner la pourriture d'hôpital avec une remarquable intensité; tandis que l'Ambulance de l'Internationale de secours aux blessés, composée de chambres petites et étroites dont la plus vaste, ayant 12 lits, mesurait 9 mètres 90 centimètres de long, 6 mètres 30 centimètres de large et 2 mètres 65 centimètres de haut, cubant 165 mètres 280 décimètres cubes d'air, ou 13 mètres 773 décimètres cubes d'air par lit, n'en a donné que 10 cas pendant toute la durée de la maladie.

L'Ambulance des sœurs de la Croix, installée dans un bâtiment entièrement neuf, isolée au milieu de jardins, n'ayant jusque-là servi à quoi que ce soit, a vu la pourriture d'hôpital sévir sur des hommes qui n'en avaient aucun symptôme avant leur entrée. Là le cubage d'air, de 40 mètres 520 décimètres cubes par lit, soit 972 mètres 480 décimètres cubes d'air pour 24 lits, était non-seulement supérieur à celui de toutes les ambulances comme chiffre, mais comme éléments d'incontestable salubrité.

Les soins hygiéniques les mieux appropriés ont donc, comme nous l'avons dit, été constamment prodigués aux blessés. Les résultats obtenus n'ont pas répondu à l'attente.

Comme complément à ces données, nous devons ajouter que les pansements à l'Hôtel-Dieu, plus particulièrement, ont été en partie faits par nous-même; et si une fois nous avons été personnellement victime d'une inoculation de pourriture d'hôpital, sans blessure, sans plaie préalable, par suite d'une simple piqûre d'instrument, en revanche, à différentes reprises, malgré une attention minutieuse et par le fait involontaire de quelques infirmiers sous nos ordres, les éponges, linges et instruments spécialement consacrés aux blessures atteintes de pourriture d'hôpital, ont servi au pansement des plaies saines, sans qu'il y ait eu contagion.

Ne peut-on pas conclure de tout ce qui précède, que les mesures prophylactiques préconisées sont toujours utiles, sans doute, mais qu'elles n'ont pas une valeur absolue?

Pour le traitement curatif, les auteurs enseignent qu'il n'en est aucun offrant autant de garanties de succès que le fer rouge.

L'application du cautère actuel a été faite avec succès dans certains cas, lorsque les plaies étaient de peu d'étendue, mais il n'a pas été employé pour les plaies à large surface. Dans ces conditions, deux modes de traitement ont été suivis: ils consistent dans l'emploi du perchlorure de fer à 30 degrés (services de M. le docteur Bessette), et d'une solution concentrée de nitrate d'argent (10 grammes pour 100 grammes d'eau, services de M. le docteur Machenaud). Cette médication a constamment réussi.

Des expériences comparatives nous ont cependant démontré que la préférence devait être donnée au perchlorure de fer; sous son action les plaies ont repris plus rapidement leur aspect normal, et la maladie a été moins sujette à récidiver.

Le mode de procéder a été le suivant :

Au début, pansement avec le perchlorure de fer pur, renouvelé seulement tous les deux jours.

Quand l'aspect des plaies est modifié et que l'escharre produite est tombée, pansement avec le perchlorure de fer mélangé avec son poids égal d'eau.

Au déclin, pansement avec l'onguent digestif, saupoudré de poudre de camphre, jusqu'à complète cicatrisation.

La poudre de charbon, celle de quinquina, le jus de citron, en un mot tous les topiques généralement conseillés, n'ont produit aucun résultat, même pour les cas les moins graves.

OPÉRATIONS.

Nous résumons ainsi qu'il suit, les opérations pratiquées dans les ambulances :

1° Désarticulation de l'index de la main droite (méthode ovalaire). — Succès (*Hôtel-Dieu.*)

2° Désarticulation du pouce, de l'index et du médius de la main droite (méthode ovalaire). — Succès (*Hôtel-Dieu.*)

3° Désarticulation des deux premières phalanges de l'indicateur de la main droite. — Succès (*Hôtel-Dieu.*)

4° Amputation simultanée des médius, annulaire et auriculaire de la main droite. — Succès (*Ambulance de l'Internationale de secours aux blessés.*)

5° Resection du calcanéum gauche. — Succès (*Ambulance des sœurs du noviciat.*)

6° Amputation du bras droit (méthode à lambeaux), pyoémie, abcès et phlegmon de l'aisselle. — Mort (*Hôtel-Dieu.*)

7° Amputation de l'avant-bras gauche (méthode circulaire), pyoémie. — Mort (*Ambulance du Maine blanc.*)

8° Amputation de l'avant-bras droit (méthode circulaire), pyoémie. — Mort (*Ambulance de l'Internationale des secours aux blessés.*)

9° Amputation de la cuisse gauche (méthode circulaire), pyoémie. — Mort (*Hôtel-Dieu.*)

10° Amputation de la cuisse droite (méthode circulaire), pyoémie. — Mort (*Hôtel-Dieu.*)

11° Amputation de la cuisse droite (méthode à lambeaux), pyoémie. — Mort (*Ambulance des Sœurs de la Croix.*)

12° Amputation de la jambe droite (méthode circulaire), pyoémie. — Mort (*Ambulance des sœurs du noviciat.*)

13° Amputation de la jambe droite (méthode circulaire). — Succès (*Hôtel-Dieu.*)

En faisant abstraction non-seulement des opérations précitées, pratiquées aux mains et aux pieds, mais de plusieurs autres d'une moindre importance, il reste pour les grandes opérations huit cas. Sur ces huit cas, il y a un seul succès. Reste sept pour la mortalité.

Ce chiffre, relativement considérable, doit être attribué à la pyoémie ou infection purulente.

Dans tous les cas observés, la pyoémie s'est déclarée vers le sixième jour après l'opération ; généralement précédée d'un érysipèle traumatique. La mort est survenue du dixième au douzième jour.

Tous les amputés morts ont présenté à l'autopsie des caractères indiscutables, tels que les abcès métastatiques des poumons, du foie et de la rate. Chez deux nous avons reconnu des traces évidentes d'osteomyélite.

Malgré les observations communiquées à l'Académie de Médecine par M. Demarquay, tendant à démontrer que l'osteomyélite est la seule cause de l'infection purulente, la question est encore aujourd'hui pendante, et sera probablement encore longuement discutée avant qu'il soit possible de poser des conclusions de quelque valeur.

Quoi qu'il en soit, bien que les deux cas que nous rapportons ne puissent plaider en faveur ni de l'une ni des autres opinions, nous avons cru cependant utile de les relater, en raison même des faits réunis par le Dr Demarquay, dans son service des Ambulances.

MORTALITÉ.

La somme totale de la mortalité des hommes admis aux Ambulances, s'élève au chiffre de 337, ce qui, sur les 3,253 entrées, donne la proportion pour 100, de 10,36.

Pour se rendre compte de la part afférente à chacun, il convient d'abord d'établir le tableau de la mortalité par armes et par corps.

Nous examinerons ensuite la mortalité d'après les maladies dominantes.

Disons avant tout, que la gendarmerie, les sections d'ouvriers d'administration, le service de santé et l'intendance doivent être écartés, les décès ayant fait défaut dans ces corps.

ARMES.	CORPS.	NOMBRE d'hommes entrés par armes.	NOMBRE de décès par armes.	Proportion pour 100.	NOMBRE d'hommes entrés par corps.	NOMBRE de décès par corps.	Proportion pour 100.
Infanterie.	Infanterie de ligne...	2.751	312	11.34	1.361	136	9.99
	Mobiles...........				998	91	9.12
	Mobilisés				317	73	23.03
	Chasseurs à pied....				75	12	16.00
Cavalerie et remontes.	Cuirassiers........	288	17	5.90	18	6	33.33
	Dragons..........				247	9	3.64
	École de cavalerie...				23	2	8.70
Artillerie et train d'artillerie	Artillerie..........	64	4	6.25	64	4	6.25
Génie.	Génie............	20	2	10.00	20	2	10.00
Train des équipages.	Train des équipages..	27	1	3.70	27	1	3.70
Marins et équip. de la flotte	Équipages de la flotte.	6	1	16.67	6	1	16.67

L'infanterie et la cavalerie sont les deux armes ayant donné le plus de décès.

Dans l'infanterie, le 49ᵉ régiment de ligne, seul, donne 112 décès sur 835 hommes entrés.

Les mobiles de la Charente, 85 sur 790 hommes.

Les mobilisés de la Charente, 37 sur 167.

Les mobilisés de la Vienne, 15 sur 93.

Le 5ᵉ régiment de dragons, corps de la cavalerie ayant fourni le plus de malades, puisqu'il en est entré 179, ne compte que 4 décès.

La proportion pour 100 de la mortalité par arme, présente le maximum au titre des marins et équipages de la flotte. L'infanterie s'élève au chiffre de 11,34; le génie lui succède immédiatement.

En suivant la colonne des proportions par corps, on trouve que la somme la plus forte appartient aux cuirassiers; les mobilisés viennent en second ordre; l'infanterie de ligne n'occupe que le troisième rang.

Il importe maintenant d'étudier le nombre des décès par maladies dominantes et de calculer les proportions pour 100 de ces décès. Non-seulement sur le chiffre de chacune des maladies et blessures, mais aussi sur la totalité des hommes entrés et sur la totalité de chacune des trois catégories, qui ont été établies au début, c'est-à-dire les malades, les vénériens et les blessés.

C'est ce que le tableau suivant expose aussi complétement que possible :

TOTAL GÉNÉRAL des hommes entrés.	TOTAL GÉNÉRAL des maladies et blessures.	MALADIES ET BLESSURES DOMINANTES.	ENTRÉES			MORTALITÉ			
			Nombre des malades et blessés par maladies et blessures dominantes	Proportion p. 100 des 3 catégories calculée		Nombre d'hommes décédés par chaque maladie et blessure.	Proportion pour 100 des décès calculée.		
				Sur la totalité de chacune des 3 catégories séparém.	Sur la totalité des 3 hommes entrés.		Sur le chiffre de chacune des maladies et blessures.	Sur la totalité de chacune des 3 catégories séparém.	Sur la totalité des hommes entrés.
		Variole.............	631	21.07	19.40	104	16.48	3.47	3.20
		Bronchite............	341	11.36	10.48	31	9.09	1.04	0.95
		Fièvres continues......	283	9.45	8.70	8	2.83	0.27	0.25
		Dysenterie...........	253	8.45	7.78	20	7.91	0.67	0.61
		Gastralgie	204	6.85	6.27	11	5.39	0.37	0.34
		Fièvres intermittentes...	103	3.44	3.17	16	15.53	0.53	0.49
		Pneumonie	90	3.01	2.77	21	23.33	0.70	0.65
		Bronchite chronique....	89	2.97	2.74	19	21.35	0.63	0.58
3.253	2.994	Pleurésie............	82	2.74	2.52	7	8.54	0.25	0.22
		Rhumatisme articulaire..	81	2.70	2.48	3	3.70	0.10	0.09
		Angine..............	79	2.64	2.43	-6	7.59	0.20	0.18
		Rhumatisme musculaire.	78	2.61	2.40	1	1.28	0.03	0.03
		Fièvre typhoïde........	78	2.61	2.40	17	21.79	0.57	0.52
		Rougeole............	66	2.20	2.03	9	13.64	0.30	0.28
		Anémie.............	44	1.47	1.35	5	11.36	0.17	0.15
		Adénite.........	38	1.27	1.17	5	13.16	0.17	0.15
		Autres maladies........	454	15.16	13.95	37	8.15	1.24	1.14
	96	Bleonorrhagie........	39	40.63	1.20	»	»	»	»
		Chancres............	19	19.79	0.58	»	»	»	»
		Syphilides...........	12	12.50	0.37	»	»	»	»
		Autres maladies........	26	27.08	0.80	»	»	»	»
	163	Coups de feu à la main..	53	32.52	1.63	2	3.77	1.23	0.06
		— à la jambe.	46	28.22	1.41	7	15.22	4 29	0.22
		— au bras....	29	17.79	0.89	1	3.45	0.61	0.03
		— à la cuisse.	15	9.20	0.46	4	26.67	2.45	0 12
		Autres blessures......	20	12.27	0.62	3	15.00	1.84	0.09

Le nombre des décès par maladies, étant de 220, la moyenne pour cent est de 10,69 ; de même la somme 17 des décès par blessures, donne pour moyenne 10,43.

Enfin, le nombre total des décès étant de 337, la moyenne pour cent, relativement aux hommes entrés, est, comme il a été dit plus haut, de 10,36.

SORTIES PROVISOIRES ET DÉFINITIVES.

Il nous reste à dresser le tableau des sorties provisoires et définitives; c'est encore par trimestres que nous allons les énumérer :

	ÉVACUATIONS.	CONVALESCENCES.	RÉFORMES.	RETRAITES	EAUX THERMALES.	DÉCÈS.	GUÉRISONS.
4ᵐᵉ Trimestre de 1870.....	78	268	14	2	1	168	699
1ᵉʳ Trimestre de 1871.....	49	311	28	5	1	138	858
2ᵐᵉ Trimestre de 1871.....	18	137	12	4	1	28	189
3ᵐᵉ Trimestre de 1871.....	2	114	5	1	»	3	119
RÉCAPITULATION......	147	830	59	12	3	337	1.865

La colonne des réformes doit être divisée en deux parties: les réformes N° 1 avec gratification renouvelable, et les réformes N° 2 sans gratification.

Les réformes N° 1 s'élèvent au chiffre de 35.

Les réformes N° 2 s'élèvent à celui de 24.

De même que les retraites, elles se répartissent par corps de la manière suivante :

	RÉFORMES N° 1.	RÉFORMES N° 2.	RETRAITES
Infanterie de ligne...	26	13	9
Mobiles...	4	4	3
Mobilisés...	»	3	»
Chasseurs à pied...	2	»	»
Cuirassiers...	1	»	»
Dragons...	1	3	»
Hussards..	1	»	»
Artillerie..	»	1	»
RÉCAPITULATION.........	35	24	12

Les causes de réforme N° 1 ont toujours été des blessures graves, entraînant la perte de l'usage d'un membre; rarement les réformes N° 2 ont été accordées aux blessés; elles s'appliquent plus spécialement aux hommes atteints de maladies constitutionnelles.

OFFICIERS ET SOUS-OFFICIERS.

Dans tous les chapitres de notre statistique, nous avons envisagé les hommes sans distinction de grades; si cette distinction doit être établie pour les officiers et les sous-officiers, au point de vue des maladies dont ils ont été atteints, elle sera celle-ci:

	OFFICIERS.	SOUS-OFFICIERS.
Fièvres..	7	6
Fièvres éruptives...	9	11
Maladies des organes respiratoires..........................	9	12
— des organes de la digestion....................	3	4
— articulaires et des muscles....................	2	7
— diverses	1	5
— vénériennes....................................	»	16
Blessures	1	7
RÉCAPITULATION..........	32	68

Sur le chiffre général des entrées, les officiers et les sous-officiers forment un total de 100 hommes, soit 32 officiers et 68 sous-officiers; les affections diverses ont été réparties sur eux d'une façon égale à celle des soldats.

Néanmoins, dans le tableau qui précède, parmi les maladies, les affections vénériennes l'emportent et frappent sur les sous-officiers d'une façon remarquable. On trouve 9 cas de blennorrhagie, 4 d'orchite blennorrhagique et 3 de chancres.

Les autres maladies sont en proportions décroissantes.

Les blessures sont représentées par 8 cas, dont un consistant en coup de feu au bras pour les officiers; les sept cas restant se résument en un coup de feu et éclat d'obus au bras et six coups de feu et éclats d'obus à la jambe.

Pour les officiers, la mortalité a été nulle. Le chiffre des décès s'élève à cinq pour les sous-officiers.

Il faut noter parmi ces derniers un suicide par arme à feu.

RÉSUMÉ

Dix ambulances, y compris l'Hôtel-Dieu, régies par la Commission administrative des hospices et hôpitaux d'Angoulême, ayant un personnel médical composé de 7 chirurgiens et médecins majors, 5 aides-majors, 2 pharmaciens en chef, 9 pharmaciens aides-majors, 1 infirmier major et 27 infirmiers, ont reçu pendant 10 mois et 20 jours, 2,994 malades, 96 vénériens et 163 blessés formant un total de 3,253 hommes.

Ces 3,253 hommes se décomposent en 32 officiers, 68 sous-officiers et 3,153 soldats, appartenant à 149 régiments d'infanterie de ligne ; 27 régiments et bataillons d'infanterie légère ; 38 régiments de cavalerie ; 17 régiments d'artillerie ; 3 régiments de génie ; 2 escadrons du train des équipages ; 5 sections d'ouvriers d'administration et du corps des infirmiers, et 3 bataillons de marins.

Les journées de traitement se sont élevées au chiffre de 68,635, dont 58,610 pour les malades, 1,923 pour les vénériens et 3,102 pour les blessés.

La proportion pour 100 des journées de traitement a été de 20 journées par homme.

63 genres de maladies, 8 sortes de blessures ont atteint plus spécialement les hommes.

Les maladies dominantes, ont été en partant du chiffre le plus élevé, par maladie, la variole, les bronchites, les fièvres dites continues, la dysenterie, la gastralgie, et les fièvres intermittentes.

La proportion pour 100 la plus forte, 21,07, revient à la variole ; 11,36 représente la bronchite.

Comme blessures, les coups de feu à la main l'ont emporté ; ils sont dans la proportion de 32,52.

Le nombre des décès a été de 337, ce qui donne la proportion de 10,36 pour 100.

La variole seule donne 3,20 pour 100, sur 631 entrés.

Les évacuations ont atteint le chiffre de 147 ; les convalescences celui de 830.

Les réformes se sont élevées à 59, à savoir : 35 pour les réformes N° 1 et 24 pour les réformes N° 2.

Douze retraites ont été accordées ; trois hommes seulement ont bénéficié de l'envoi aux eaux thermales.

Enfin 1,865 hommes sont rentrés, guéris, à leurs corps respectifs.

Telle est la situation exacte des Ambulances.

Comme il est facile de le voir, nous avons pris les hommes dès leur admission dans les asiles préparés pour les recevoir.

Nous venons de les suivre pas à pas, pour ainsi dire chaque jour et à chaque heure, dans toutes les phases qu'ils ont eu à traverser.

Arrivé au terme de la tâche que nous nous sommes imposée comme un devoir, après avoir hautement témoigné notre reconnaissance à messieurs les membres de la Commission administrative des hospices et hôpitaux d'Angoulême, pour les encouragements qu'ils n'ont cessé de nous prodiguer ;

Après avoir publiquement remercié nos chefs de service pour leur affectueuse bienveillance ; nous ne pouvons que manifester de nouveau le vœu formulé au début de ce travail, et dire: Puisse notre œuvre être un jour utile ; puisse-t-elle, du moins, si ce vœu est trop téméraire, rappeler qu'à Angoulême, il s'est trouvé des hommes de cœur, heureux de soulager dans la mesure de leurs forces les misères de ceux qui avaient vaillamment combattu pour la France.

FIN.

ERRATUM.

Page 30, dernière ligne, lisez : Végétations *fongueuses*, au lieu de végétations *fougueuses*.

TABLE.

1472 — Nantes, Imprimerie Jules GRINSARD, successeur de M. Charpentier.

.